© 2008 Lappan Verlag GmbH
Postfach 3407 · 26024 Oldenburg
www.lappan.de
Alle Rechte vorbehalten
Reproduktionen: *litho* niemann + steggemann gmbh · Oldenburg
Gesamtherstellung: Leo Paper Products, Hong Kong
Printed in China
ISBN 978-3-8303-1060-0

# Heike Ellermann

# DIE BLAUE MASCHINE

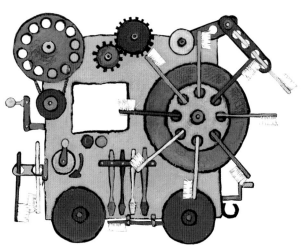

Lappan

Eine mondhelle Nacht.
Alles ist still und friedlich.
Nur manchmal: ein Rascheln, ein Piepsen, ein Knistern ...
Doch plötzlich: ein lautes Scheppern ...

Am Morgen steht dort – unter den Bäumen –
eine große blaue Maschine.
Sie hat Räder, Zahnräder, Blinklichter, Kurbeln,
Hebel und viele bunte Bürsten.
„Seltsamer Apparat", staunt der Hase, der als Erster heranhoppelt.

Von hier und da kommen die Tiere des Waldes näher:
der Hirsch, das Wildschwein, der Fuchs und der Igel.
Sie alle wundern sich:
„Wozu ist dieses Monstrum wohl gut?"

Der Hirsch wagt sich ganz nah heran.
Er kurbelt an den Kurbeln.
Er hebelt an den Hebeln.
Die Räder und Zahnräder drehen sich.
Die Blinklichter blinken.
Die bunten Bürsten setzen sich in Bewegung.
„Wisst ihr, was das ist?", ruft der Hirsch,
„das ist eine Hirschgeweih-Schrubbmaschine,
für Hirschgeweihe,
für *mein* Geweih!"

„Wieso ist die für dich?", empört sich der Igel,
„die Maschine ist für *mich*!
Das ist keine Hirschgeweih-Schrubbmaschine,
sondern eine Igelstachel-Poliermaschine,
für Igelstacheln,
für *meine* Stacheln!"

„Ihr habt ja keine Ahnung!", schimpft das Wildschwein,
„das ist keine Hirschgeweih-Schrubbmaschine
und auch keine Igelstachel-Poliermaschine,
sondern eine Wildschweinborsten-Scheuermaschine,
für Wildschweinborsten,
für *meine* Borsten!"

„Ihr tickt ja nicht richtig!", wettert der Fuchs,
„das ist keine Hirschgeweih-Schrubbmaschine,
keine Igelstachel-Poliermaschine
und auch keine Wildschweinborsten-Scheuermaschine,
sondern eine Fuchsschwanz-Streichelmaschine,
für Fuchsschwänze,
für *meinen* Schwanz!"

„Nun reichts mir aber!", motzt der Hase,
„das ist keine Hirschgeweih-Schrubbmaschine,
keine Igelstachel-Poliermaschine,
keine Wildschweinborsten-Scheuermaschine
und auch keine Fuchsschwanz-Streichelmaschine,
sondern eine Hasenohren-Kraulmaschine,
für Hasenohren,
für *meine* Ohren!"

„He, warum streitet ihr euch?"
Ein kleiner Marienkäfer fällt bei dem Spektakel
fast von seinem Birkenblatt.
„Fragt doch den Biber dort hinten am Fluss!
Der ist ein berühmter Baumeister.
Er kennt sich mit Maschinen aus."

„Gute Idee! Wir fragen den Biber!"
Die fünf Waldtiere schieben und ziehen
die schwere Maschine in Richtung Fluss.
Eine Wildgans fliegt vorbei.
„Was habt ihr denn da? Das sieht ja aus wie eine Wildgansflügelbürst..."
„Halt deinen Schnabel!", tönt es wie aus einem Maul.

Endlich am Fluss!
Der Biber kommt angeschwommen.
„He, meine Maschine! Wo habt ihr die denn her?"
„Deine?"
Und schon geht das Streiten wieder los ...
„Das ist eine Fuchsschwanz-Streichelmaschine!"
„Nein, eine Wildschweinborsten-Scheuermaschine!"
„Blödsinn, eine Igelstachel-Poliermaschine!"
„Quatsch, eine Hirschgeweih-Schrubbmaschine!"
„Dummes Zeug, eine Hasenohren-Kraulmaschine!"

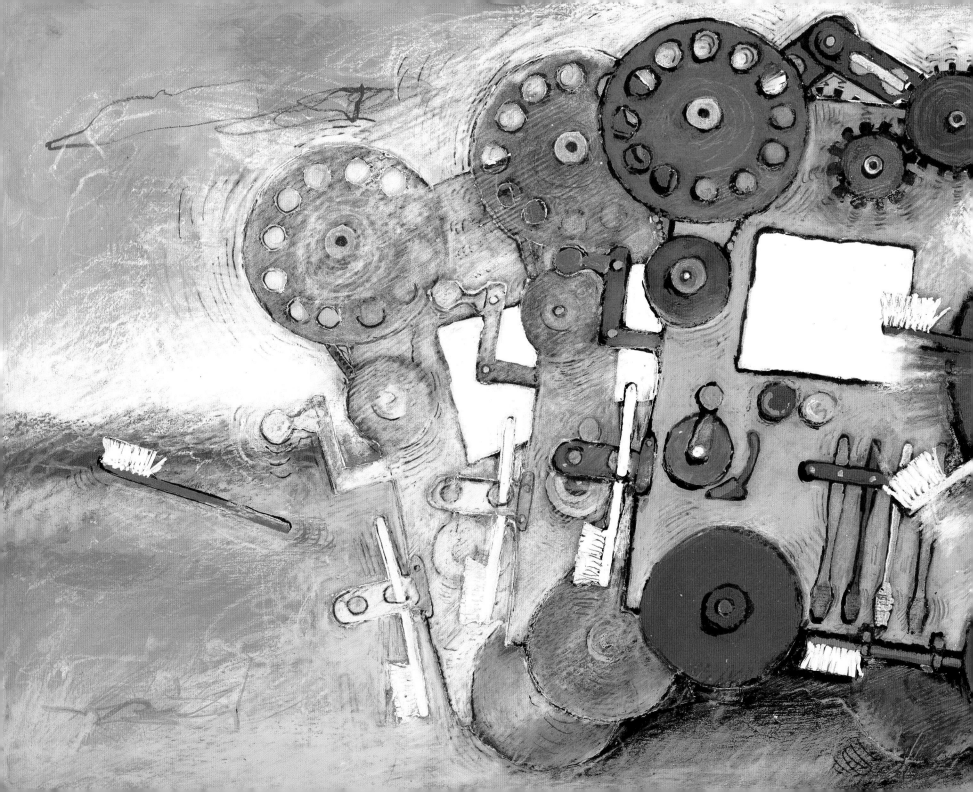

„Was soll das sein?", prustet der Biber los,
„das ist eine ... eine Biberzahn-Putzmaschine!
Die putzt Biberzähne!
*Meine* Zähne. Blitzeblank und messerscharf.
Vor vier Wochen habe ich sie bestellt.
Ihr habt sie mir gebracht. Ich bin so froh!
Für euch hier nun: der ZAHNPUTZ-RAP!"

# ZAHNPUTZ-RAP

Hey, ein Lied will ich euch singen
von den Zähnen, diesen Dingen,
die im Munde stehn herum –
wie dumm!

Aber „dumm"? Das ist nicht richtig!
Ihre Arbeit ist sehr wichtig.
Kauen rechts und kauen links –
das bringts!

Klar, das stimmt: sie können beißen
in die Äpfel, und die heißen
Schokoladen schocken sie –
fast nie.

Schneidezähne sind wie Messer,
keine Säge kann es besser,
schneiden ruckzuck nach Bedarf –
echt scharf!

Spitze Eckzähne, sie reißen
große Stücke aus den heißen
Currywürsten mit Pommes frites –
der Hit!

Und die Backenzähne mahlen
alle Körner mit den Schalen
von dem Vollkornbrot mit Quark –
voll stark!

Doch so ohne läufts nicht, das da,
denn die Zähne brauchen Pasta
und 'ne Bürste muss da ran –
oh Mann!

Denn sonst gibt es große Löcher,
Gammelzähne noch und nöcher,
und das Erdbeereis, oje –
tut weh!

Ja, dann muss der Zahnarzt bohren,
und ihr sitzt mit roten Ohren
zitternd dann in seinem Stuhl –
nicht cool!

Nehmt die Zähneputzmaschine
und schrubbt dann mit froher Miene
immer schön von ROT nach WEISS –
ganz heiß!

Morgens, mittags, abends putzen
und danach nicht mehr benutzen!
deine Zähne bleiben heil –
echt geil!

So, das wollte ich euch sagen.
Habt Ihr eigentlich noch Fragen?
Tschüs, wir sehn uns irgendwann ...
Bis dann!

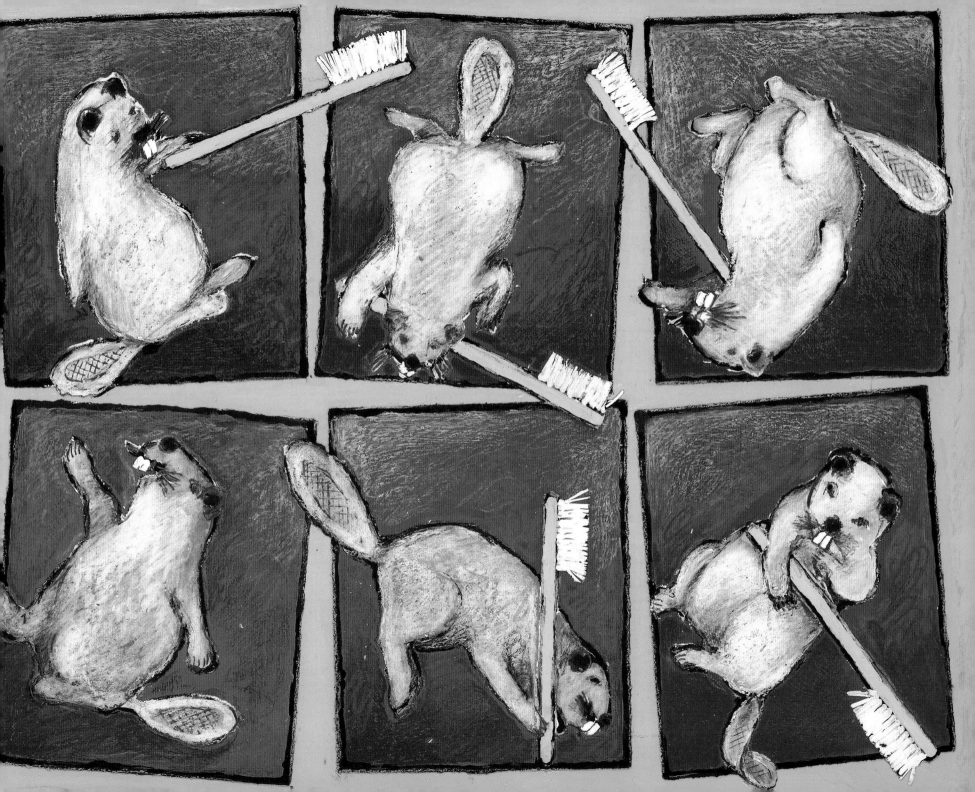